筑境

中国精致建筑100

武当山道教宫观

中国建筑工业出版社

出版说明

中国是一个地大物博、历史悠久的文明古国。自历史的脚步迈入新世纪大门以来，她越来越成为世人瞩目的焦点，正不断向世人绽放她历史上曾具有的魅力和光辉异彩。当代中国的经济腾飞、古代中国的文化瑰宝，都已成了世人热衷研究和深入了解的课题。

作为国家级科技出版单位——中国建筑工业出版社60年来始终以弘扬和传承中华民族优秀的建筑文化，推动和传播中国建筑技术进步与发展，向世界介绍和展示中国从古至今的建设成就为己任，并用行动践行着“弘扬中华文化，增强中华文化国际影响力”的使命。从20世纪80年代开始，中国建筑工业出版社就非常重视与海内外同仁进行建筑文化交流与合作，并策划、组织编撰、出版了一系列反映我中华传统建筑风貌的学术画册和学术著作，并在海内外产生了重大影响。

“中国精致建筑100”是中国建筑工业出版社与台湾锦绣出版事业股份有限公司策划，由中国建筑工业出版社组织国内百余位专家学者和摄影专家不惮繁杂，对遍布全国有历史意义的、有代表性的传统建筑进行认真考察和潜心研究，并按建筑思想、建筑元素、宫殿建筑、礼制建筑、宗教建筑、古城镇、古村落、民居建筑、陵墓建筑、园林建筑、书院与会馆等建筑专题与类别，历经数年系统科学地梳理、编撰而成。本套图书按专题分册，就其历史背景、建筑风格、建筑特征、建筑文化，结合精美图照和线图撰写。全套100册、文约200万字、图照6000余幅。

这套图书内容精练、文字通俗、图文并茂、设计考究，是适合海内外读者轻松阅读、便于携带的专业与文化并蓄的普及性读物。目的是让更多的热爱中华文化的人，更全面地欣赏和认识中国传统建筑特有的丰姿、独特的设计手法、精湛的建造技艺，及其绝妙的细部处理，并为世界建筑界记录下可资回味的建筑文化遗产，为海内外读者打开一扇建筑知识和艺术的大门。

这套图书将以中、英文两种文版推出，可供广大中外古建筑之研究者、爱好者、旅游者阅读和珍藏。

目录

007 一、七十二峰朝大顶
011 二、道教名山　源远流长
017 三、绵亘百里　气势恢宏
023 四、玄武胜迹　净乐神踪
031 五、宫观崇伟　庵堂如林
059 六、技艺绝伦　文化瑰宝
069 七、赑屃雄伟　盛世杰作
073 八、文物纷繁　丰富多彩
081 九、神拳异彩　名扬天下
085 大事年表

武当山道教宫观

武当山又名太和山、参上山、仙室山，位于湖北省西北部丹江口市境。武当山属秦岭山脉，北通秦岭，南连荆楚，西通巴蜀，绵亘起伏，方圆400公里，群峰擢秀，丛崖壁立，风景幽奇。武当山自古是我国著名的道教洞天福地，历代文人墨客多涉足于此。宋代大书法家米芾曾为武当山写下了刚劲有力的“第一山”，碑刻原在迎恩宫前，徐霞客誉为“书法飞动，当亦第一”。明代监修宫观的驸马都尉沐昕曾赋诗赞誉武当：“气吞泰华银河近，势压岷峨玉垒高”。武当山道教宫观始建于唐，历宋、元至明永乐时达到鼎盛，共建成33处大型建筑群。明代，武当山差不多成为明皇室的家庙。嘉靖年间，世宗朱厚熜两次重修武当山宫观，从均州城（今丹江口市）净乐宫至天柱峰绵延120里。至清，虽香火不断，却已失去昔日风采。1982年武当山的玄岳门、紫霄宫、金殿被定为全国重点文物保护单位。1994年武当山古建筑群被载入“世界文化遗产名录”。

图0-1 武当山新建石牌坊

道教圣地，明代皇家园林，家庙，国家级风景名胜区，世界文化遗产的武当山，是旅游佳境。20世纪80年代新修旅游公路，从玉虚宫至南岩宫，公路宽敞平整。进山为六柱五间冲天式牌坊，中间嵌“武当山”额。

图0-2 宋代米芾天下“第一山”石碑/后页

武当山风景奇幽，宋代大书法家米芾游武当山后，题写了天下“第一山”。徐霞客称之为“书法飞动，亦当第一”。现藏武当山文管所内。

第一山
宋米芾書

一、七十二峰朝大顶

武当山气势之磅礴，“在五岳之上”。山有七十二峰、三十六崖、二十四涧、八洞、三潭、九泉、十五池、八石、九井、九台等胜迹。主峰天柱峰，海拔1612米，宛如利剑，直插云天，有“一柱擎天”之誉。七十二峰俱向之倾斜，形成“七十二峰朝大顶”的绝景。

七十二峰如覆钟峙鼎，离离攒立。紫霄宫背倚展旗峰，有左右大小宝珠拱卫，前有三公峰（太师、大傅、太保）鸾停鹤立；还有照面峰及蜡烛、香炉诸峰与之相对。南岩宫南面天柱峰、北瞰五龙峰，五峰亘列，状若游龙。金殿前有金童、玉女左右停立；还有大、小莲峰，形如宝莲；贪狼、巨门、禄存、文曲、廉贞、武曲、破军七峰则若北斗之像，左参右互，上拟璇衡；五老峰（始老、真老、皇老、玄老、元老）形如笔架；狮子峰则如巨狮蹲踞于一天门上。形成了一幅美丽的天然画卷。还有天柱晓晴、陆海奔潮、平地惊雷、雷火炼

图1-1 七十二峰朝大顶
武当山有七十二峰，天柱峰拔地而起，宛如一把利剑，直刺青天，其余诸峰略向大顶倾斜，这就是闻名天下的“七十二峰朝大顶”的奇景。

图1-2 一柱擎天石刻

武当山主峰天柱峰，海拔1612米，有“一柱擎天”之誉。

殿、金顶倒影、祖师映光、空中悬松、月敲山门、乌鸦接食等自然奇观。

在道教典籍里，武当山原名太和山，传说是上古玄武得道飞升之地，玉帝册封为真武，真武即玄武。太和山即此更名为武当山，取作真武不足以当之意，简称武当。宋真宗天禧二年（1018年）敕封“真武之灵，藏者隐方之位”；元成宗大德八年（1304年）封“武当福地”；明永乐时加封为“大岳太和山”；嘉靖时又封为“治世玄岳”，把武当山当做治世的仙山。

图1-3 武当景色
武当山方圆400公里，有七十二峰，二十四涧，三潭，九泉，九台，九宫，九观，三十六庵堂，七十二岩庙，三十九座桥梁与自然景观，组成一幅美丽的天然画卷。

二、道教名山 源远流长

武当山是道教名山，历代为道人、方士隐居修炼之地。《舆地纪胜》载：周之尹喜、汉之阴长生、晋之谢允、唐之吕洞宾、孙思邈、五代陈抟、宋之寂然子、元之张守清、明之张三丰都曾在武当修道。

山中道教建筑始建于唐代。唐太宗贞观年间（627—649年）均州大旱，均州守姚简奉敕在此山祈雨，“得五龙显圣，普降甘露”，乃在灵应峰下建五龙祠，宣扬道教。唐至德至大历年间（756—779年）建“太乙”、“延昌”祠；乾宁三年（896年）建“神威武公新庙”。吕洞宾诗云：“石缕状成飞凤势，龛纹绾就碧幔寰”，可见唐时已有宏丽的道教建筑。

宋代自太平兴国至宣和年间（976—1125年），道教建筑的规模益大。宋真宗赵恒崇信道教，封真武为“镇天真武灵应佑圣真君”。天禧二年(1018年)下诏“升祠为观”。宋徽宗政和六年（1116年）敕建“五龙灵应之观”、“紫霄元圣观”。南宋时毁于兵火。

图2-1 南岩纯阳吕真君赞石碑/对面页

吕洞宾，俗传八仙之一，号纯阳子，唐河中府人（今山西永济县）。自称回道人。道教全真派称吕祖。吕诗写南岩幽奇迷人的景色，“混沌初分有此岩，此岩高耸太和山……石缕状成飞凤势，龛纹绾就碧幔寰……此处高僧成道处，故留真踪在人间……”。

純陽呂真君讚

混沌初分有此巌　山峻當鋒太和山
面朝火頂茅千尖　脊湾甘泉水一灣
石巘狀成飛鳳翼　龍絞縫就碧煙泉
靈源湧珠散己曙　古檜蒼松四西紫
雨滴瑣瓊東方煆　風吹玉笛響松開
谷口佟紛常喚語　山巔神獣任消牽
眉中目是党坤別　脆鶴歸來月共彎
此昊高真成道處　就禀元來日月閒
古今小神仙侶　敗留蹤蹟在人閒
宣賜軆玉妙想友松與為愛名山長讒遠
張

元世祖忽必烈登基之初，祠观又有了扩建。元至元二十二年至泰定五年（1285—1328年）在此大修宫观，“改观为宫”。惜大多毁圮，现仅存“天乙真庆万寿宫”（俗称南岩石殿）和元大德十一年（1307年）铸造的铜殿。

明代传奇道人张三丰游武当山后预言：“此山异日必大兴”。太祖朱元璋诏见，他避入四川后又复归武当。后成祖朱棣遣给事中胡濙偕内侍朱祥携玺书香印往访亦未遇。恰好武当山五龙宫道士李素希两次派人入宫献“榔梅仙果”，朱棣得知武当山乃北方玄武之神飞仙之地，为感“真武帝君”恩德，钦定在武当山大建道教宫观。永乐十年（1412年）颁旨，命道录司右正一孙碧云前往武当勘测。十一年（1413年）颂敕官员军民夫匠人等圣旨，命隆平侯张信等率军民工匠二十余万人赴武当山营建道教宫观，费以百万计，于永乐二十一年（1423年）建成九宫：净乐宫、遇真宫、玉虚宫、五龙宫、紫霄宫、南岩宫、朝天宫、太和宫、清微宫；九观：元和观、回龙观、复真观、龙泉观、威烈观、太常观、太玄观、八仙观、仁威观及附属的三十六庵堂、七十二崖庙、三十九座桥梁。宫观庵堂达二万余间，建筑面积160万平方米。封武当为“太和太岳山”，设官铸印以守，张三丰的预言竟实现了。惜大部分建筑已毁圮，仅存玄岳门、遇真宫、元和观、复真观、紫霄宫、南岩宫、太和宫、金殿、五龙宫等残迹及少数庵堂、岩庙、桥梁。

a

b

图2-2a,b 天乙真庆宫

武当山道教建筑始建于唐贞观年间（627—649年），现仅存南岩石殿——天乙真庆宫，建于元延祐元年（1314年），面阔，进深均为三间，柱、梁、斗栱皆为石作。前坡单檐歇山，后坡依岩而作。殿内供真武、三清神像。内壁嵌五百铁铸镏金灵宫，极为珍贵。

图2-3 榔梅仙祠

明代一直把武当山作为“祖宗创业栖神之所”的“家庙”，新帝登基，都要朝拜。宪宗成化十七年（1481年）建迎恩观，十九年（1483年）改观为宫。嘉靖帝更加笃信道教，自封为“飞玄真君”。嘉靖三十一年及次年（1552年及1553年）全面重修旧有宫观庵堂。在玉虚宫立碑建亭；敕建“治世玄岳”坊于山东北麓峡口。完善了皇室家庙的格局，使山上山下有了明确的标志。有诗云：“五里一庵十里宫，丹墙翠瓦望玲珑。楼台隐映金银气，林岫回环画镜中”。可见其盛况。

三、绵亘百里 气势恢宏

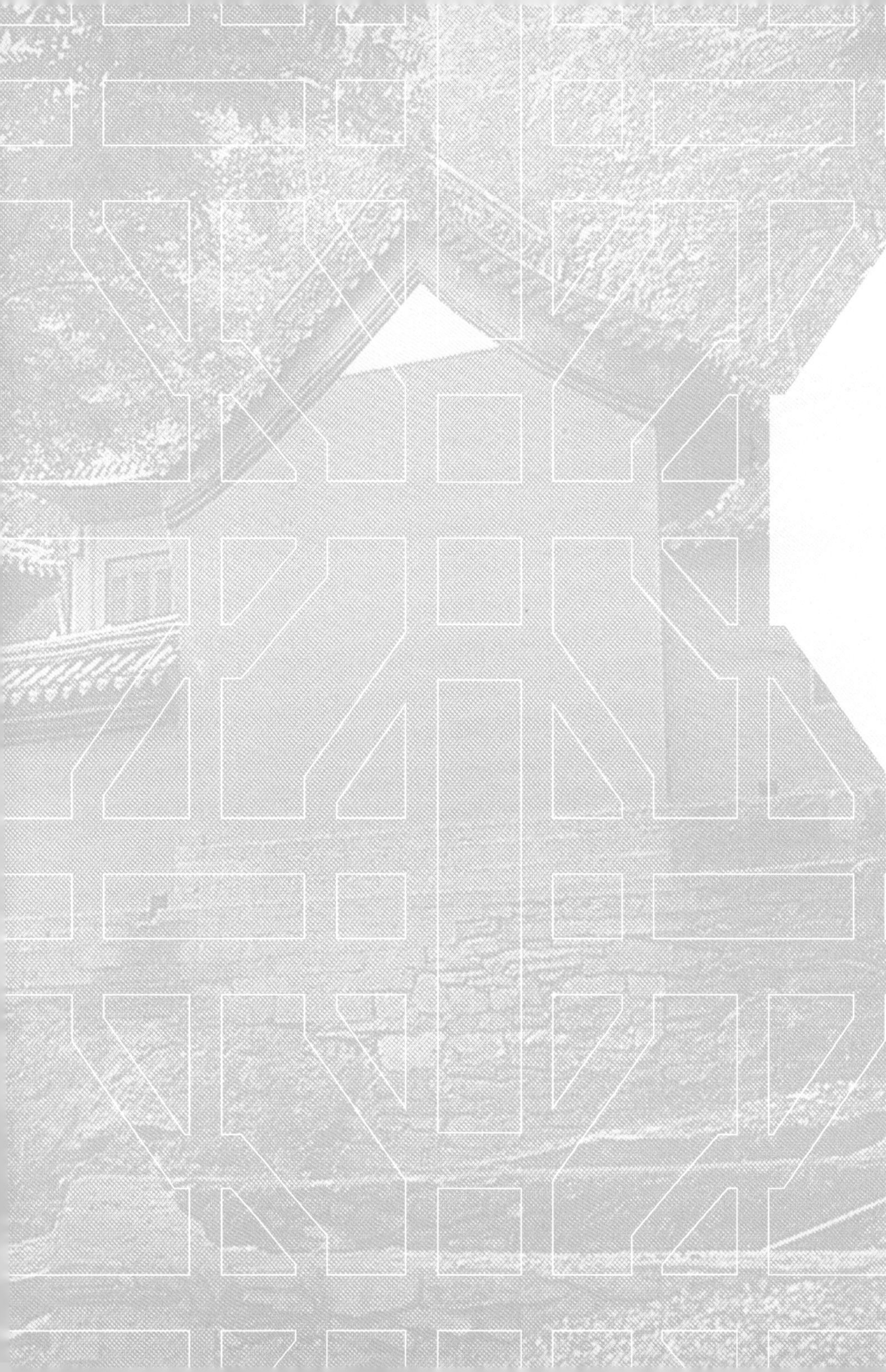

早在宋、元时代，武当山道教宫观虽已形成了一定规模，但至明代方才奠定了今天所见的总体格局。该体系以均州城（今丹江口市）之净乐宫为序幕，以达于天柱峰金殿，绵亘140里，气势之恢宏，中外罕见。今玄岳门、遇真宫、元和观、玉虚宫（遗址）、回龙观（遗址）、磨针井、复真观、天津桥、龙泉观（遗址）、紫霄宫、南岩宫、五龙宫（遗址）、朝天宫（遗址）、太和宫、金顶等仍基本保持了“永乐”格局。其总体布局是以北方真武显圣下凡修炼的故事为依据，分山下、山上两个部分。

山下部分含均州城至武当山东北麓的玄岳门一段，其布局是根据真武显圣，托胎为净乐国善胜皇后，降世后，“潜心学道，志契太虚”的传说。均州城内之净乐宫，系比附净乐国。宫建于永乐十六年（1418年），有殿堂、碑亭、廊庑、亭阁及道舍520余间，面积达12万平方米。清康熙二十八年（1689年）、乾隆元年（1736年）两遭火灾，仅存残迹。自均州城有青石“官道”直抵玄岳门，长50里，两旁有神庙、庵堂。距城南35里有成化十七年（1481年）修建的迎恩宫，殿宇280余间，原为钦差大臣来武当山朝奉的住所。清代渐趋荒毁，仅存遗址。净乐、迎恩两宫现已淹没于丹江水库中。

山上布局是根据净乐太子年轻时寻访幽谷受玉清圣祖紫元君点化，赴太和山修炼，得道飞升，由玉帝册封，坐镇天下的传说进行安

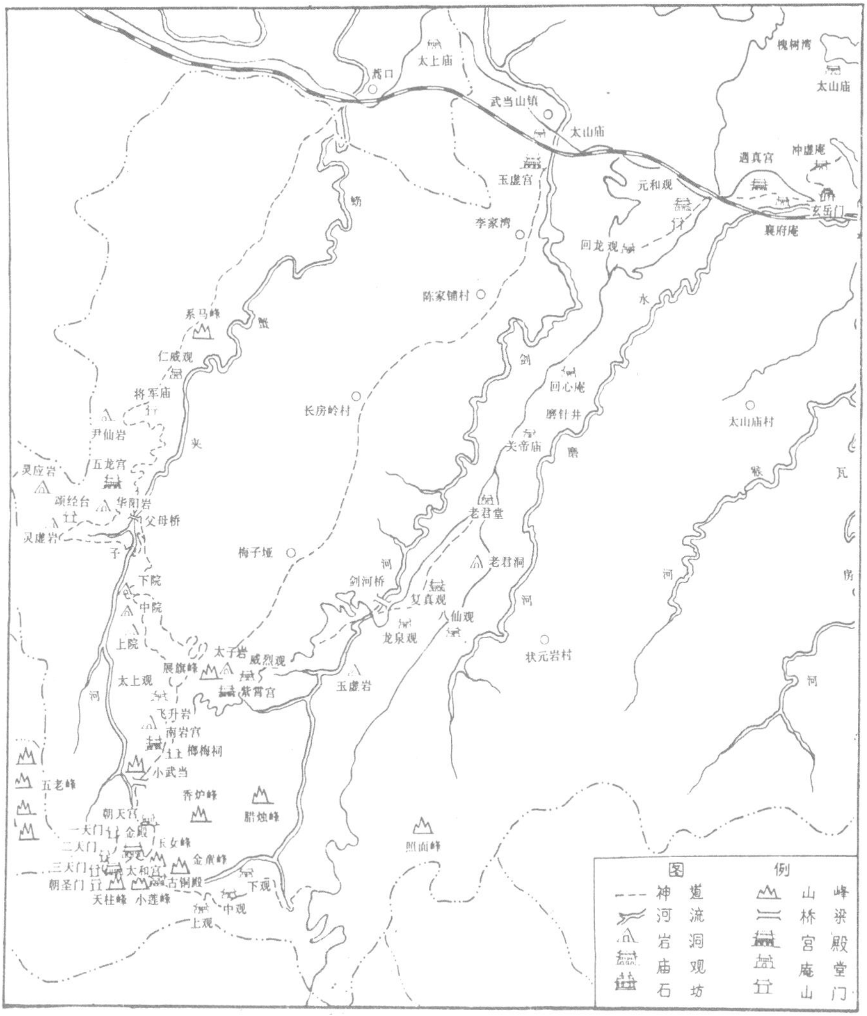

图3-1 武当山古建筑分布图

武当山道教建筑分布在均州古城至金顶长达70公里的风景线上。从玄岳门至金顶为“神道”，全长35公里，海拔高差近1450米。其间分布着宫观，庵堂、桥、亭、台等建筑，形成“五里一庵十里宫，丹墙翠瓦望玲珑”的庞大建筑群。

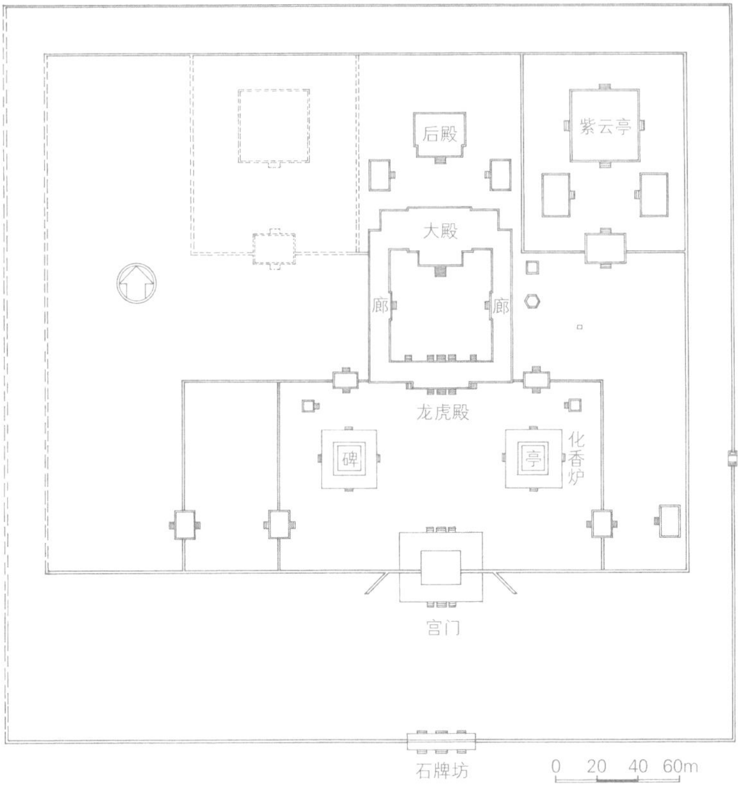

图3-2 净乐宫总平面图
净乐宫在古均州城内。用以比拟净乐园。建于明永乐十六年（1418年），东西长350米，南北深346米，中轴对称，规制宏整。20世纪50年代修丹江水库时，石建筑迁到丹江口市全岗山上，遗址淹没在丹江水库内。

排。自玄岳门起为朝山的神道。门四柱三间五楼，为仿木石构，建于嘉靖三十一年(1552年)。从玄岳门至金顶约70里，高差1433米，分东、西二神道，回环于崇山峻岭之中，至南岩宫会合。

东神道布置有：遇真宫、玉虚宫是神仙修炼之所，无色之界。还有元和观（道教监狱），回龙观、回心庵、磨针井（清）、老君堂、复真桥、复真观（太子坡），皆为太子修炼之所。又有龙泉观、天津桥（剑河桥）、黑虎庙、威烈观、紫霄宫、太子岩等，是太子迫

a

b

图3-3a,b 朝天宫全景和朝天宫大殿

于母后诏返，越水过关，八仙境修炼之所。还有乌鸦庙、南岩宫、梳妆台、飞升岩等，是太子功成飞升之所。

西神道以玉虚宫为起点，有太上庙、明真庵、仁威观、将军庙、尹仙岩、五龙宫、华阳岩、父母桥、下、中、上院、太上观（皆为遗址）、南岩宫。

东、西神道会合于南岩宫。出南岩宫东南行，沿神道上至金顶，有榔梅祠、黄龙洞、朝天宫、一天门、摘星桥、二天门、三天门、朝圣门、太和宫、紫禁城、金殿，皆为太子飞升后，册封真武坐镇天下之所。

武当山道教宫观庵堂皆依山势地形而确立方向，每个建筑单元都建造在峰、岩、坡、涧、峦的合适位置。规模大小、间距、疏密无不适度，又相互联系，且各具特色。

图3-4 治世玄岳石牌坊

武当山进山的仙门——玄岳门。四柱三间五楼，系全仿木结构之石作。面阔与高度比例极近正方形，深含比例之妙。全坊采用浮雕、镂雕、圆雕等手法。正中系明嘉靖御笔“治世玄岳”额，其意以大岳太和山为五岳之冠，以北极玄武镇守北方。

四、玄武胜迹 净乐神踪

武当山是真武大帝修仙的圣地。真武又名玄武。玄武、青龙、白虎、朱雀合称四方之神，源于中国古代星辰崇拜和动物崇拜。道教附会，谓黄帝时，玄武托胎于净乐国善胜皇后，以降人间。年15，得玉清圣祖紫元真君传授无极上道，越海东游。后入武当山修炼，经42年功成飞升，受玉帝册封为玄武。宋真宗时因避圣祖赵玄朗讳，改玄武为真武，尊为“镇天真武灵祐圣帝君”。明永乐帝加封为“北极镇天真武玄天上帝”，为巩固其统治，在武当山为真武帝君修建了宫观庵堂，以至留下了玄武胜迹，净乐神踪。

磨针井　西神道五龙宫左侧原有老姆祠，上有磨针石，建于明代。后被焚。清咸丰二年（1852年）于东神道旁之回龙观与太子坡间重建。相传太子初入山，意志不坚，欲还俗，至此见一老姆在井边砺上磨一铁杵，甚感惊异，问曰：“磨杵何用？”姆答曰：“磨针，”并说：“功到自然成。”太子顿悟，复入山修炼，方成正果。磨针井之名由此而得。

图4-1 磨针井大殿

磨针井大殿建于清咸丰年间，是据道教神话故事修建的，殿耸立在高台之上，面阔三间带前廊，抬梁式构架，硬山屋顶，脊饰繁褥。室内壁绘真武入山学道题材壁画。门前竖立两根铁棒，游人至此，无不感磨针之艰难。

磨针井距玄岳门14里，主殿坐西朝东，山门朝北。殿建于高2米的台基上，为三间硬山顶，前廊为卷棚轩，内奉太子年轻时塑像，殿壁有《真武修真图》壁画，清雅古拙，比之于工笔重彩的佛画别具一格，殿前台阶旁立两根铁杵，粗如碗口。殿右有方亭，面阔、进深均为三间带回廊，重檐歇山顶，构造装饰繁褥精巧。亭内有井，即紫元君磨针处。内供老姆磨针铁像。殿、亭之南、北、东面用道舍围成的四合小院，布局紧凑。附近有回心庵。

剑河桥（天津桥） 在东神道距太子坡5里的九渡涧上。涧又名剑河，有剑河桥横跨。相传太子入山后，善胜皇后追至太子坡，太子抽出宝剑，将身后大山劈划成河，母子分隔，即今之剑河。剑河源于砚窝池，经老营入汉江。剑河桥建于永乐十一年（1413年），三孔，桥面微拱，两侧有精致桥栏。溯涧而上，可览玉虚岩、蜡烛涧诸胜。桥东端接龙泉观（遗

图4-2 磨针井老姆亭
老姆亭在大殿之右高台上，面阔、进深三间，方形平面，重檐歇山顶。室内正中有井，据传老姆磨针于此。室内供奉老姆像，和蔼可亲。

图4-3 剑河桥

剑河，相传为太子宝剑所劈而成，其桥故名剑河桥。建于明永乐十一年（1413年），桥长52米，宽10米，其下三孔，状如连虹，桥两边安有石雕钩栏，东端接龙泉观（遗址），西端有影壁。接上十八盘，直上紫霄宫。

址），背岩而建，西端有影壁，形成一轴线。下桥左转接“上十八盘”，磴道曲回，回旋攀登上紫霄宫。

太子岩 位于紫霄宫后展旗峰腰，系利用天然洞穴略加开凿而成。相传太子曾修道于此，故名。洞口高10米，宽15米，深11米。洞中有石殿一座，面阔三间，单檐歇山顶。供太子童年塑像。殿侧有元至元二十七年（1290年）镌刻的“太子岩”石刻一方，洞前有曲栏围护。洞下有太子亭遗址，此地山林翠色欲滴，静谧非常，实为修炼之佳所。

飞升岩 位于南岩宫西南一小山峰腰，以青石道与宫相连。峰顶有梳妆台，台下为飞升岩，又名“试心石”。古人认为诚孝忠义之人，处其上泰然无惧。诗云：“陡出三丈岩，

图4-4 太子岩
在紫霄宫后展旗峰腰，相传太子学道于此。岩内有仿木构石殿，面阔三间，单檐歇山顶，内奉太子童年塑像。岩前有石栏环绕，此地山林翠色，静谧非常，的确是修炼之佳所。

图4-5 飞升岩，梳妆台

相传为太子学道舍身成仙之处。在南岩宫西南崛起一峰，峰上建梳妆台，其下有岩，名“飞升”。围以石栏，下临万丈深渊。

下临千尺地。道人呼试心，无心可将试。”飞升岩下临万丈深渊，极为惊险。相传飞升岩、梳妆台为太子被紫元君点悟后，继续修炼，功成后，梳妆舍身成仙之处。台建于明永乐年间，现存遗址。有诗云：“此是高僧成仙处，故留踪迹在人间。”

乌鸦庙　位于南岩宫南的山岭上。相传太子上山时，乌鸦给太子引路，岭因名“乌鸦”。庙建于明永乐年间，现存遗址。这里有著名的“乌鸦接食”景观。香客们在此将食物向空中抛洒，乌鸦便能接食。

五、宫观崇伟 庵堂如林

武当山道教宫观庵堂著名者有：遇真整、玉虚宏、复真巧、紫霄精、南岩险、五龙奇。

遇真宫 位于武当山北麓，距玄岳门2里。史载明洪武年间（1368—1398年），张三丰在此结庵，名“会仙馆”。民间传为“真仙”。明太祖、成祖先后下诏派使寻访，张三丰避而不见。永乐十五年（1417年）敕建此宫，赐额“遇真”，意与真仙相遇。该宫坐北朝南，背依凤凰山，面朝九龙山，左有望仙台，右有黑虎洞，周围山环水绕，颇似天然城郭。故旧有“黄土城”之称。原有殿堂、廊庑、楼阁、道舍296间，面积2.7万平方米。惜大部毁圮，现仅存中轴线上之宫门、前殿、后殿、配房廊庑，皆明代遗构。

图5-1 遇真宫远眺
遇真宫背依凤凰山，面朝九龙山，坐北朝南，建于明永乐十五年（1417年），原有规模宏大，现存中轴线之宫门、龙虎殿、配房、正殿，皆为明代遗构。

宫门琉璃作，面阔三间，各开一券门，单檐歇山顶。耸立在高0.8米之台基上。两旁有八字形影壁，制作精美。进门后为宽敞的庭院，

图5–2 遇真宫宫门

遇真宫宫门砖石结构，面阔三间，各开券门，单檐歇山顶，左右八字琉璃作浮雕影壁，构图制作精美，气势恢宏。

图5-3 遇真宫大殿
遇真宫大殿面阔、进深皆为三间，前有站台，抬梁式构架，单檐歇山顶。两旁接耳房连接东西廊庑，耸立在高3.2米的石砌台基之上，巍峨壮观。檐下斗栱，格扇门装修古朴。

东、西垣墙上有门通东、西侧院。前殿坐落在台基上，两厢接以廊庑、配房。后殿面阔、进深均为三间，矩形平面，前有月台，单檐歇山顶，耸立在高3.2米的石砌台基上，巍峨壮观。殿为抬梁式构架，室内无天花、藻井，是为“彻上露明造”。檐下施五踩斗栱，前檐装修五抹头球纹隔扇门，庄重古朴。内供张三丰铜铸镏金坐像。

玉虚宫 本名元天玉虚宫。玉虚，道教称玉皇大帝居住的仙宫。北周庾信《步虚词》：“寂绝乘丹气，玄冥上玉虚。”相传玉帝封真武为“玉虚师相”，故名玉虚。实指洁净超凡的境界。玉虚宫是永乐时修建武当山宫观时的大本营。明、清两代常有军队驻此，俗称老营宫。宫位于山之北麓，距玄岳门8里，建于明永乐十一年（1413年）。宫外东、西、北皆建有天门，宫坐南朝北，中轴线由外乐、紫禁、里乐三城组成，两翼有东、西宫，凡楹2200余

图5-4 玉虚宫遗址总平面图

玉虚宫坐南朝北，背倚九龙山，建于明永乐十一年（1413年），原为五进三院，惜毁于火，现仅存碑亭、宫门、紫禁，里乐城垣及中路建筑遗址。是武当山最大的宫观。

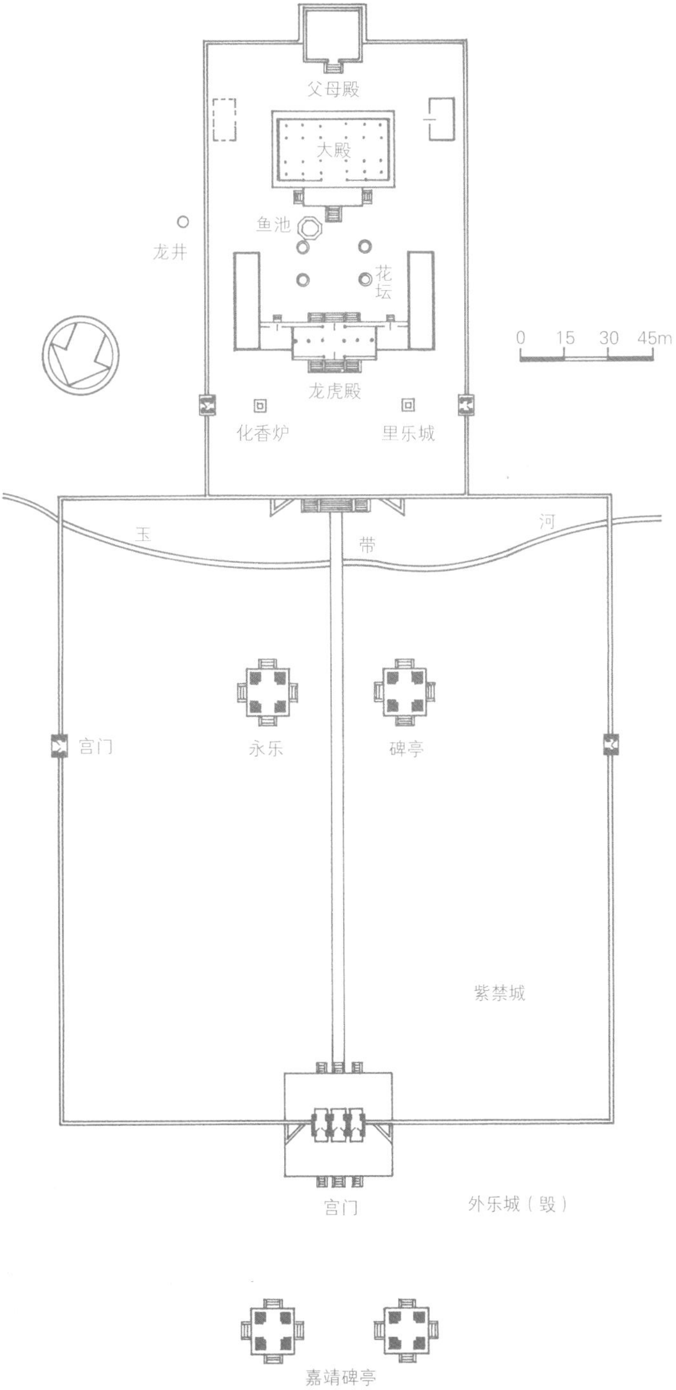

间，面积16万平方米，是九宫中规模最为宏大者。嘉靖三十二年（1553年）重修，清乾隆十年（1745年）毁于火。登上九龙山俯瞰遗址，残垣断壁及碑亭历历在目，虽殿宇成灰，崇台尤显。现仅存紫禁、里乐城垣和中轴线上之建筑遗迹，明代格局隐约可窥。

紫禁城 城门有精雕的石须弥座，门面阔三间，各开券门，砖结构。单檐歇山顶。两翼有八字影壁，镶嵌彩色琉璃琼花图案，极为富丽。门外（原外乐城已毁）两侧碑亭坐落在高1.6米的石雕须弥座上，巍然对峙，为嘉靖三十一年（1552年）遗构。宫门内庭院宽阔，为道兵校场。中后部有永乐十一年（1413年）、永乐十六年（1418年）碑亭两座，内有高大御碑。亭后玉带河流贯东西。次为里乐城门。中轴线上建有龙虎殿、十方堂、正殿、父母殿、左右配殿，各成庭院。前殿面阔五间，进深二间。十方堂两翼厢房接东西配殿，耸立

图5-5 玉虚宫紫禁城门
城门又名宫门。面阔三间，砖石结构，下为须弥座，上为砖墙，单檐歇山顶，前后有宽敞的月台，月台呈须弥座台基形式。绕以石栏，左右八字琉璃作影壁，制作华美。两端接磨砖对缝城墙、上覆琉璃瓦，气势磅礴。

图5-6 玉虚宫玉带桥

玉虚宫玉带河横贯紫禁城东西，中轴线上建玉带桥，单孔，半圆形券，两旁立有石雕栏杆，桥下曲水清流，静中有动。

a

图5-7a 太子坡全景

太子坡，又名复真观。相传太子修道曾居于此。建于明永乐十二年（1414年），现规模尚具。观背山临岩，总体布局利用地形，曲院层台，空间分割幽深莫测，体现了道教的“玄妙”和“清虚”。

在高约2.5米的石砌台基上。殿前庭院内左右置长方形歇山顶琉璃化纸炉，承于石雕须弥座上。正殿面阔七间，进深五间，前有月台，坐落在高3米的石台基上。最后父母殿内供真武大帝父母神像。出里乐城东宫门有神泉井，又名龙井，其石雕双龙井圈精美完好。西宫一侧望仙台下有灵洞，又名水帘洞，有泉流飞溅。民间流传不少有关修建玉虚宫的神话故事。

复真观　坐落在太子坡上。相传太子入山之初，在此住留，故名。观位于狮头山东麓，距玄岳门23里，为东神道登金顶之孔道。观建于永乐十二年（1414年），清康、乾时曾重修。此观坐东朝西，观门面北，其背倚狮头山，面临幽壑，地势狭窄，布局充分利用地形，顺坡势设置轴线，组织不同的空间，曲院层台，布局奇巧，颇具江南园林气息。

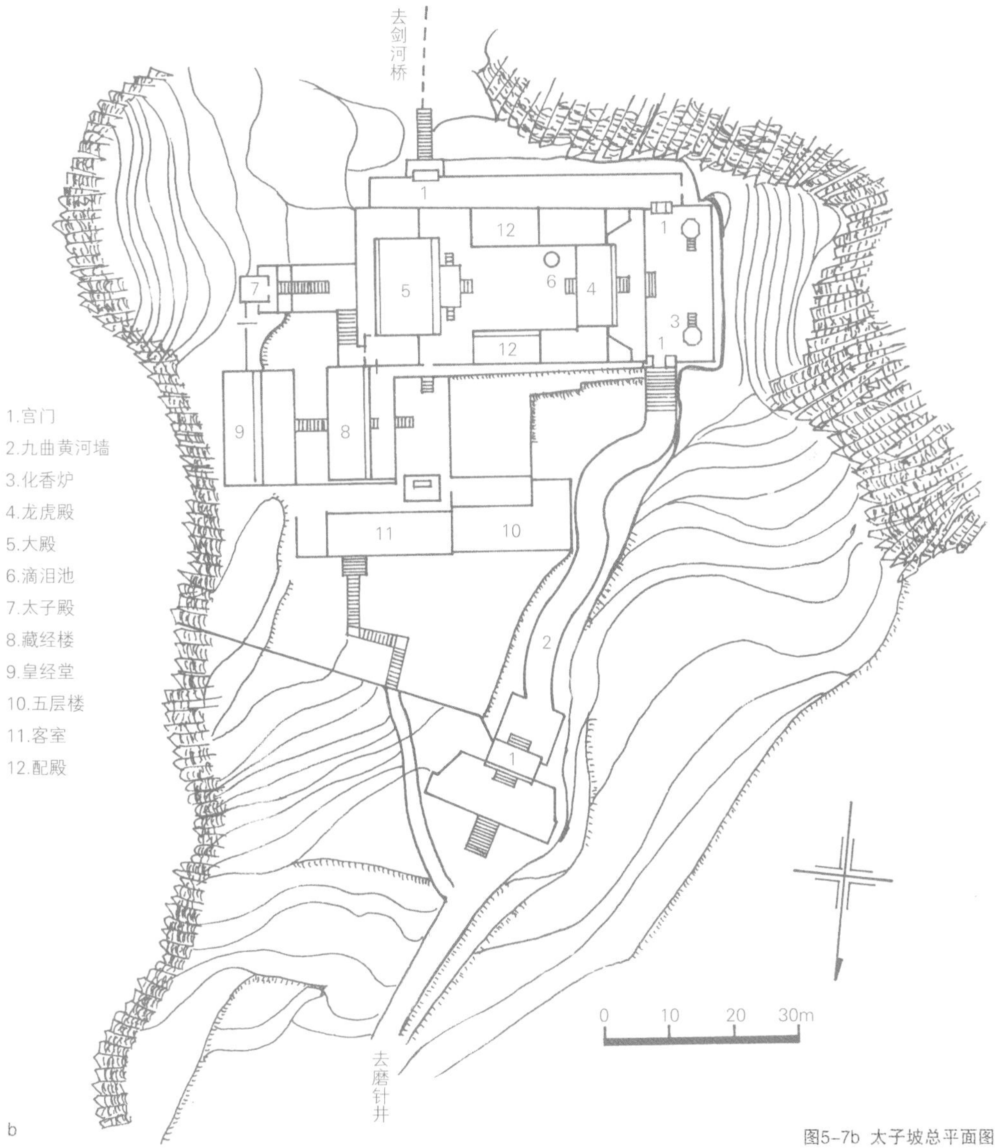

图5-7b 太子坡总平面图

太子坡北有涧，架有复真桥，单孔，面微拱。遇桥后有青石神道直通观门。门砖石结构，单檐歇山顶，正中开券门，上有明沐昕书“太子坡”，石额，前有月台。宫门左右有八字影壁，石须弥座，庑殿式顶。入门后有甬道迂回起伏，是为有名的“九曲黄河墙”。穿过二门，方见主体建筑群。主体建筑中轴严谨，对称布局。龙虎殿前有一对八角形砖雕仿木构化纸炉，亭为六角形攒尖顶，耸立在石雕须弥座上，极为精致珍贵。院前垣墙上镶有琉璃琼花照壁。过龙虎殿，有大殿和左右配殿。大殿面阔、进深均为三间，矩形平面。抬梁式构架，硬山式屋顶。前檐施五踩斗栱，檐下装修六抹头隔扇门，明间帘架雕刻精美。殿系清乾隆时（1736—1795年）在明代屋基上重建。院内有滴泪池，据传太子入山，母后紧追不舍，滴泪成池。实为观中一生活用井。沿大殿右侧磴道而上为太子殿，内奉太子童年塑像。殿前有宽敞之月台，近可俯瞰全观，俯视深壑，曲涧流碧，纵览群山，千峰竞秀，远眺金顶，云雾迷离，实为观景之胜地。从院中左转到侧院。副轴线上有皇经堂、藏经楼、斋房。北有清建五层楼，内有奇构，“一柱十二梁”，乃独柱之上有十二根梁交接，表现了我国古代匠师的智慧和大胆。从龙虎殿前院南行，过三门折东是“迷宫”式长廊出口，清幽静雅。狮头峰上还有天池、地池、莲花池等胜景。

人们出了“迷宫”，下得坡来，回眸看这古老宫观全貌展现于千尺峭壁之上，常常惊叹不已。

图5-8 太子坡宫门

宫门耸立在台基之上，前设月台，围以石栏。宫门砖石结构，单檐歇山顶。左右石雕须弥座上有砖雕影壁，造型优美。宫门上有明沐昕书“太子坡”额。月台前有160米长的神道通复真桥，上有瀑布飞溅，后接九曲黄河墙。

图5-9 太子坡化纸炉

化纸炉八角攒尖顶，砖仿木结构，承于石须弥座上，周绕石栏。柱、枋、斗栱、椽飞，门窗比例适度，做工精良，造型优美，是武当山中最为别致珍贵的一座。

图5-10 太子坡大殿

殿系清乾隆时依明永乐旧基重建，面阔、进深皆为三间，抬梁式构架，“彻上露明造”，单檐硬山顶。前檐施五踩斗栱，柱间装六抹头隔扇门，明间帘架雕饰华丽，明间设月台，前为“御路”。左右踏跺。

紫霄宫 下太子坡，攀上、下十八盘，循神道前行15里，入紫霄宫东天门，有一组巍峨的殿宇半映入眼帘，是山中保存较为完整的明代紫霄宫。在紫霄宫的总体设计上，我国古代建筑师充分运用了藏与露的手法。使该宫在游人的步移中显现出景观变化之妙，达到了动人心弦的高超境界。在这里，用实物写成了一幅具有多点透视的自然山景和殿台楼阁巧妙结合的奇美画卷。宫位于展旗峰下，距玄岳门50里。峰峭壁呈铁红色，屏为展旗，故名。紫霄宫寓“紫气东来”之意。道教指帝王所居之仙宫，“升紫霄之丹地，排玉殿之金扉”。唐贞观年间（627—649年）至元末（1367年）都曾在此建祠、观、庙宇，元末均毁于兵火。

今宫建于永乐十一年（1413年），初时规模宏大，为楹大小860间，面积为5.9万平方米，赐额“太元紫霄宫”。殿堂斋舍多有毁圮，但原格局仍较完整。

图5-11 太子坡皇经堂

武当山道教建筑有皇经堂七座。现仅存太子坡和太和宫两座。堂在中轴线之右副轴线上最后，面阔五间，二层楼，带前廊，硬山屋顶。前檐施五踩斗栱，柱间装修隔扇门，古朴庄重。

图5-12 太子坡藏经楼/上图

藏经楼在中轴线之右的副轴线上，面阔五间，带前廊，抬梁式构架，硬山式顶。前檐装修隔扇门窗。

图5-13 太子坡五层楼/下图

五层楼在进宫门之左，不拘轴线，依山势而立，南看一层，北观五层，西山带坡檐，东连客房。室内有“一柱十二梁”奇构，表现了我国古代匠师的智慧和大胆。

紫霄宫坐西北朝东南是按照风水理论布置的：背倚“主山”展旗峰；宫前有“案山”——赐剑台；远对“朝山”——三公、五老、照壁及蜡烛诸峰连云；左、右“护砂”有青龙、白虎环抱；左、右“肩”有大、小宝珠峰；宫前的玉带河从东天门侧的“水口山”而去。

宫依山营建，对称布局，从山门玉带桥至父母殿月台，高差40米左右，殿宇依次叠筑。宫前左右置东、西天门。过玉带桥登龙虎殿，殿面阔三间，单檐悬山顶；明间开门，其余用木板壁围护，内塑青龙、白虎神像。殿左右有八字琉璃琼花影壁，制作华美。殿后高台两侧有御碑亭，亭内御碑镌刻永乐帝圣旨，意为保护武当山宫观和道教活动。上百余级石阶过十方堂。十方指东、南、西、北、东南、西南、东北、西北并上下合为十方。该堂昔日为游方道人“挂单”之处。堂平面为长方形，单檐悬山顶；亦有八字形琉璃作浮雕偃壁分立于堂前左右。堂后为一长方形庭院，东北隅有日池，内养五色鱼，相传是织女为真武大帝生日献礼。三层崇台之上的主殿——紫霄殿。殿面阔五间共30米；明间特宽，达8.37米；进深五间，22米；重檐歇山顶。丹墙翠瓦，顶饰卷龙吻，脊中央施四宝珠宝顶，宝顶上有四根银

图5-14 紫霄宫总平面图/对面页

紫霄宫在展旗峰下，建于明永乐十一年(1413年)，原有规模颇大，惜部分被毁，中轴线尚完整，是武当山保存较为完整的宫观之一。

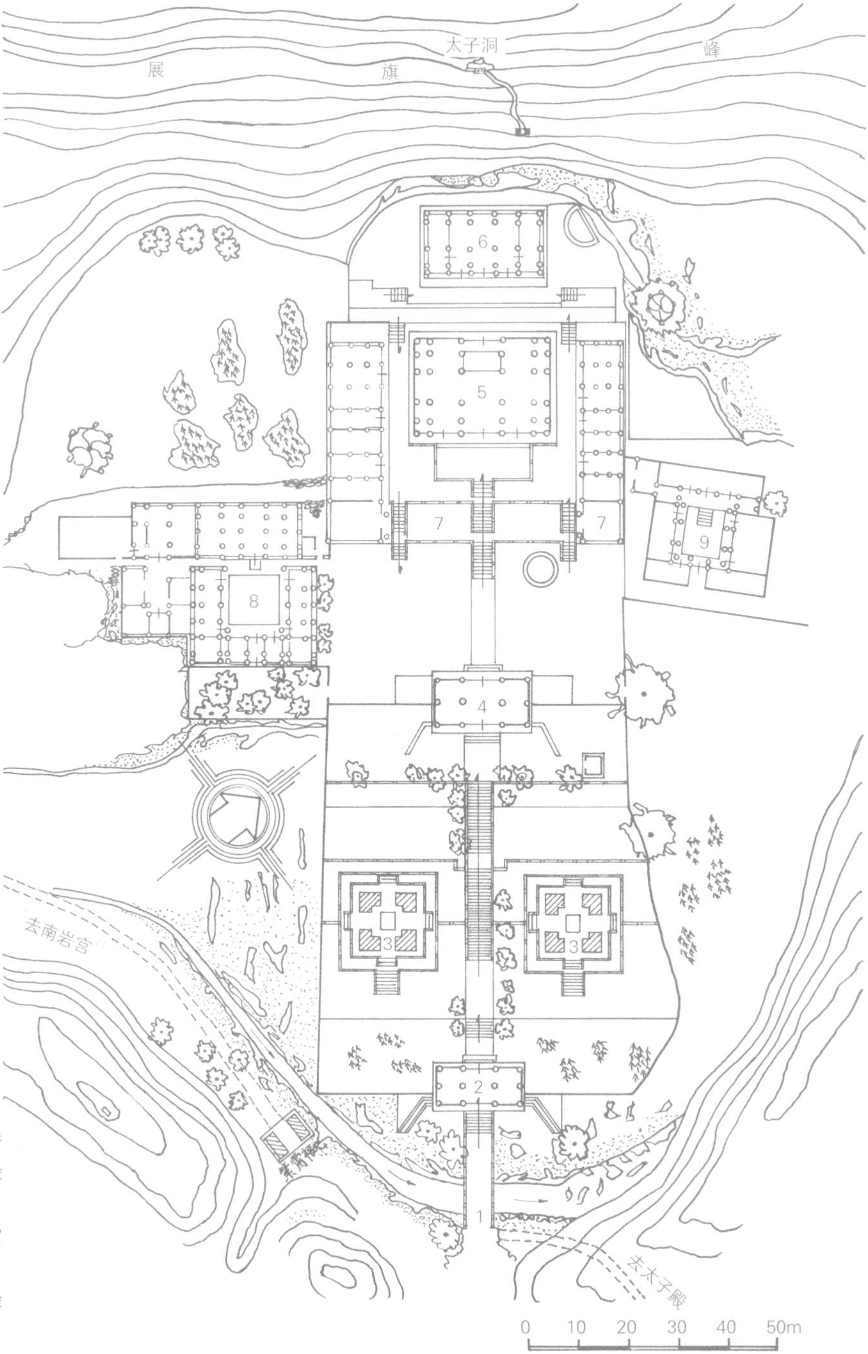

1.玉带桥
2.龙虎殿
3.碑亭
4.十云堂
5.大殿
6.父母殿
7.官厅
8.西院
9.东院

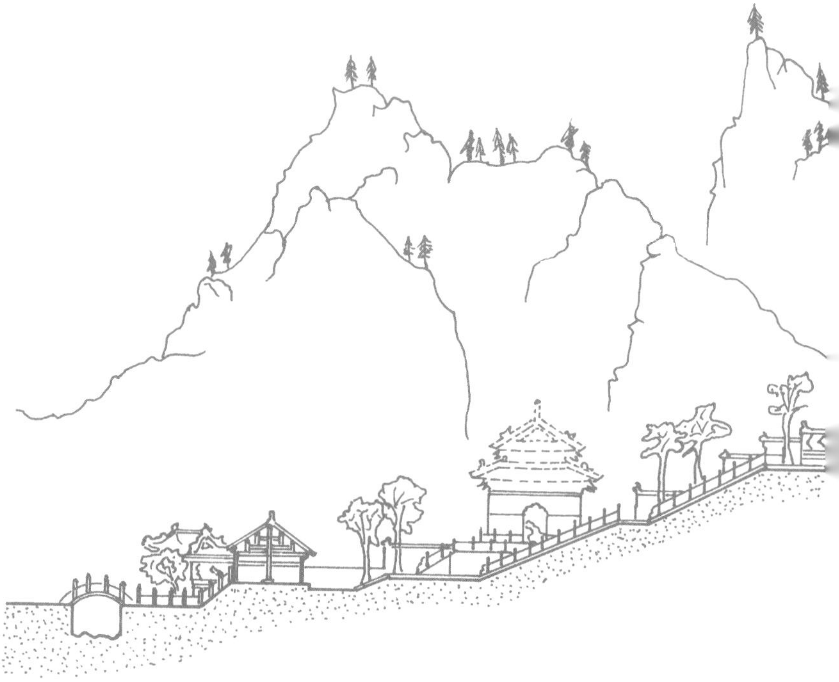

图5-15 紫霄宫中轴线纵剖面图
紫霄宫坐北朝南，依山筑台为殿，层层上升，从玉带桥至父母殿前月台高差近40米。宫内外苍松翠柏，景色朦胧宜人。

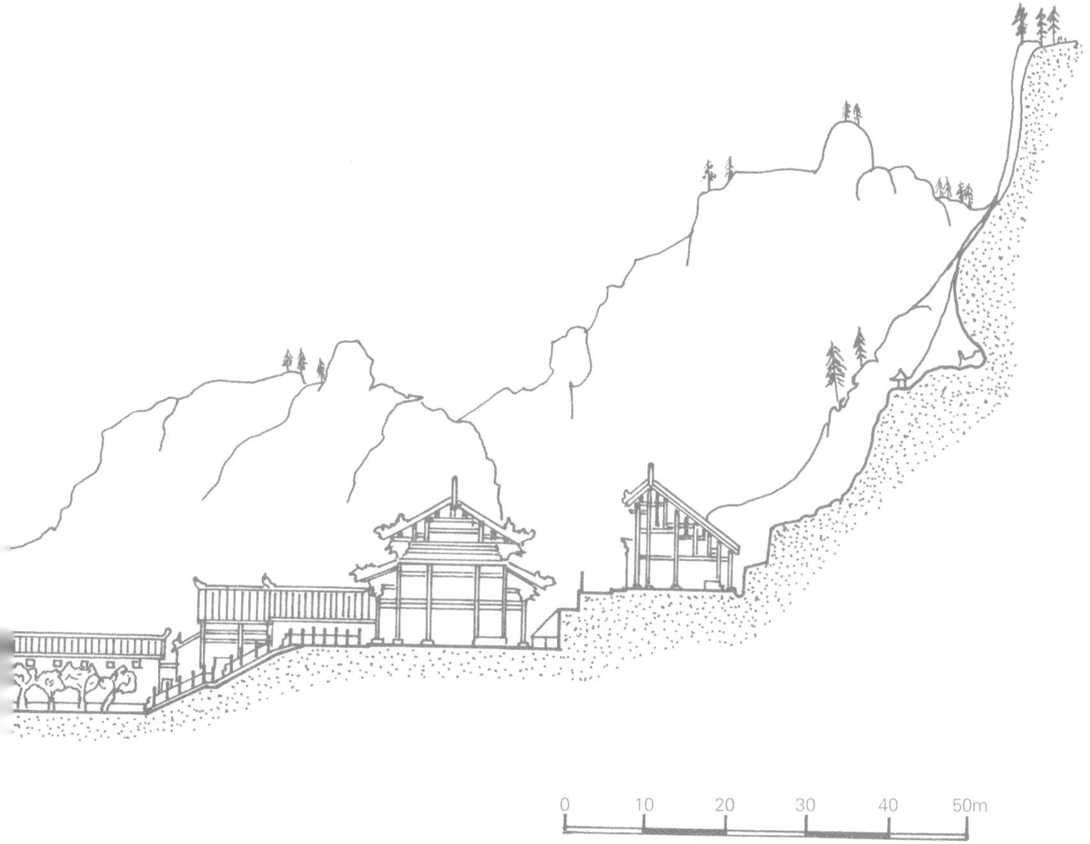
0
10
20
30
40
50m

图5-16 紫霄宫龙虎殿/上图
紫霄宫龙虎殿耸立在石砌高台之上，面阔三间，悬山式屋顶。殿内供奉青龙、白虎神像。左右八字影壁，雄伟壮观。殿前玉带桥，两旁立有石栏，桥下流水潺潺，长流不竭。

图5-17 紫霄宫大殿/下图
紫霄大殿耸立于3层崇台之上，面阔，进深皆五间，重檐歇山顶，高18米，脊饰彩凤蟠龙。殿内藻井浮雕二龙戏珠，室内供奉玉皇大帝等神像。室内外额枋以上遍饰彩画，金碧辉煌。

丝伸向四方，各有一个娃娃牵着，使宝顶遇风不动。相传姜子牙封神路过紫霄，四个娇儿争当神仙，姜子牙就封他们为“神上神”，让他们为真武大帝日夜守护宝瓶。上下戗脊端饰彩凤。下檐施五踩双昂贴金斗栱，上檐施七踩单翘重昂斗栱，是为极高等级形制。室内藻井浮雕二龙戏珠。殿内有神龛五座，雕饰极尽华美，中供玉皇大帝及真武……诸神铜铸鎏金像，或垂手端坐，或勇武庄严，姿态各异，飞金流碧，令人凝睇目眩。殿宇额枋、斗栱、天花藻井、遍施动物、人物，几何形，器物彩画。殿前有宽阔的月台，甚为壮观。殿后的天乙真庆泉，泉水从石雕玄武（龟蛇）吐出，长流不竭，味甘美。从紫霄殿左右拾级登父母殿，建于崇台之上。殿面阔五间，穿斗式构架，二层三檐，上为歇山，中为悬山，下为硬山，造型别致。殿内奉真武祖师父母塑像，左祀慈航道人，右祀三霄、送子娘娘，俗称“百子堂”。殿为清代遗构。中国是礼仪之邦，忠孝之国，民间有“上为父母，下为子女”民谚。道教宫观最后置父母殿，完全是迎合世俗需要。

紫霄殿左、右有东、西官厅。两侧有东、西宫，自成院落。宫前的禹迹池、禹迹桥、禹迹亭，相传大禹曾导水于此。宫周围茂林修竹，名花异草，庄严静谧。

南岩宫 位于天柱峰东南之东、西神道交会处。东神道距玄岳门52里，距紫霄宫5里；西神道距玄岳门73里。南岩林木苍翠，巉石横生，下临绝涧，是三十六岩中风景最佳者，诗云："三十六岩何者奇，南岩岩壑多幽姿"。《太和山志》载：唐、宋时有道士在此修炼。元至元二十二年至泰定五年（1285—1328年）武当山上大兴土木，南岩的宫殿就是其中之一。元至大元年（1308年）武宗海山敕名"天乙真庆万寿宫"，元末毁于火，今仅存天乙真庆万寿宫石殿，又名南岩石殿。今南岩宫在天乙真庆万寿宫旧址，系永乐十一年（1413年）重建，为楹640间，面积11万平方米。赐额"大圣南岩宫"。清末毁于火。现仅存元代石殿，明建南天门、碑亭、两仪殿、配殿。南岩宫的总体布局取对称和自由布局相结合的手法：南天门在南边高山梁上。北天门在北边高山梁上，予人以"只见天门在碧霄"之感。两座御碑亭系结合地形布置。西碑亭建在靠近山门左前的悬崖上，东碑亭建在远离山门右边的山坡上。从南天门随山势循神道几经转折，经东碑亭、过老虎岩，便是一组平面对称，依山营建的南岩宫主体建筑群。宫坐南朝北，东傍山岩，西、南、北下临绝壁。龙虎殿面阔五间，硬山顶，门左右有八字琉璃影壁。进门后为一长方形庭院，院中轴线上有甘露井。循东、西石阶登台达正殿（仅存遗址），殿面阔五间，深五间，左右配房相对有序。

从大殿后右侧下，进入龙头香，这一组建筑都嵌在峭壁上，紧凑、丰富，有碑刻、六

图5-18 紫霄宫父母殿/上图

道教宫观大殿之后建父母殿，是武当山总体布局的一大特色。殿面阔五间，穿斗式构架，2层楼。前檐变化多致，秀丽典雅。殿内奉真武父母塑像，殿后修竹翠绿，松柏秀挺。

图5-19 紫霄宫十云堂/下图

角亭、长方形歇山顶亭，两仪殿、元代天乙真庆万寿宫石殿等。入门后岩壁上立有明驸马都尉沐昕所书“南岩”牌。两仪殿，前设廊，由崖壁悬挑雕龙石梁，长2.9米，宽仅0.33米，前端龙首上置一鼎形香炉，是为著名的“龙头香”。昔日有不少香客争烧龙头香而殒命。两仪殿旁是元代天乙真庆宫石殿，建在悬崖陡壁上，为仿木石结构，面阔、进深皆三间，前坡作单檐歇山顶，后坡依岩。所有梁柱、檐椽、斗栱均为石琢。殿内供真武、三清神像，壁间环列五百铁灵官，世所稀有。左侧神龛内有“太子卧龙床”木雕，盘龙张牙舞爪，太子枕龙头和衣而卧，极具匠心。岩西南一峰上有梳妆台和飞升岩，有青石道与南岩宫相连。“仙山琼阁”的意境，在南岩宫得到了体现。

图5-20 南岩宫南天门

南天门建在宫右南边的高高山梁上，砖石结构，下为须弥座，上为墙身，单檐歇山顶。从天门下至宫内龙虎殿台明近70米，给人以“只见天门在碧霄”的感觉。

图5-21 南岩宫总平面图

南岩宫重建于明永乐十一年（1413年），总体布局取对称和自由布局相结合的手法，巧妙地利用地形山势，主体建筑中轴严谨，其余建筑灵活多变，颇具江南园林风格。

五龙宫 位于天柱峰北，在西神道旁，距玄岳门63里，距南岩宫25里。史载：唐贞观年间（627—649年）均州守姚简祈雨于此，见五龙从空中而降，乃在此建五龙祠。宋真宗时改名五龙灵应之观。元至元二十三年(1286年)名五龙灵应宫，仁宗时又加封为“大五龙灵应万寿宫”，元末毁于兵火。明永乐十一年（1413年）在旧址上重建，赐额“兴圣五龙宫”，为楹850间，面积9万平方米。清代重修，民国又毁于火。现仅存宫门龙虎殿北宫、宫垣、碑亭、池、井及台基，但仍能看到当年的恢宏气势。五龙宫殿台共九重，九为最大的阳数，纯阳之数。前五重共有石阶81级，取最大阳数互乘，附人身八十一好；后四重72级，附人身七十二相，左扶青龙、右扶白虎、头生朱雀、足履玄武、身若金刚、貌若琉璃、圆光五明、头上紫气、胸前真字，此九好，合成八十一好。崇台递升，从下仰望，如在天上。宫门内遗留有青龙、白虎铜像，魁武威严；大殿遗址中汉白玉石座上，还有武当山最大的真武大帝镏金铜像。殿前有天、地池，水从龙口出。殿右尚存元（后）至元四年(1338年)所立之“大五龙灵应万寿宫碑”及明碑，记本宫兴废。宫南的诵经台，相传为五代道士陈抟诵经之处。宫左侧的华阳岩，背岩临谷，中有岩洞，高5米，宽8米，内建石殿，供真武石雕坐像，富元代风格。殿之两侧有元碑三通，分别为（后）至元五年(1339年)之《华阳岩记》；至正二年（1342年）之《浩然子愚斋记》；至正五年（1345年）之《浩然子自赞画像碑》。洞前花木丛生，岩上藤萝飘垂。附近有灵虚岩、灵应岩、尹仙岩、白龙洞等胜景。游人在此，如在画屏中。

图5-22 南岩宫龙头香炉及细部/对面页

南岩宫两仪殿面阔三间，建在悬岩上，歇山顶，绿琉璃瓦顶。正面为菱花隔扇门，后依岩为神龛。前设廊，廊外为著名的龙首石，俗称“龙头香”，面对金殿，下临深渊。殿右有八卦亭，万圣阁等建筑。

1.九曲墙遗址
2.小山门
3.照壁
4.化纸炉
5.殿堂遗址
6.北宫
7.龙虎殿
8.碑亭
9.天、地池
10.井

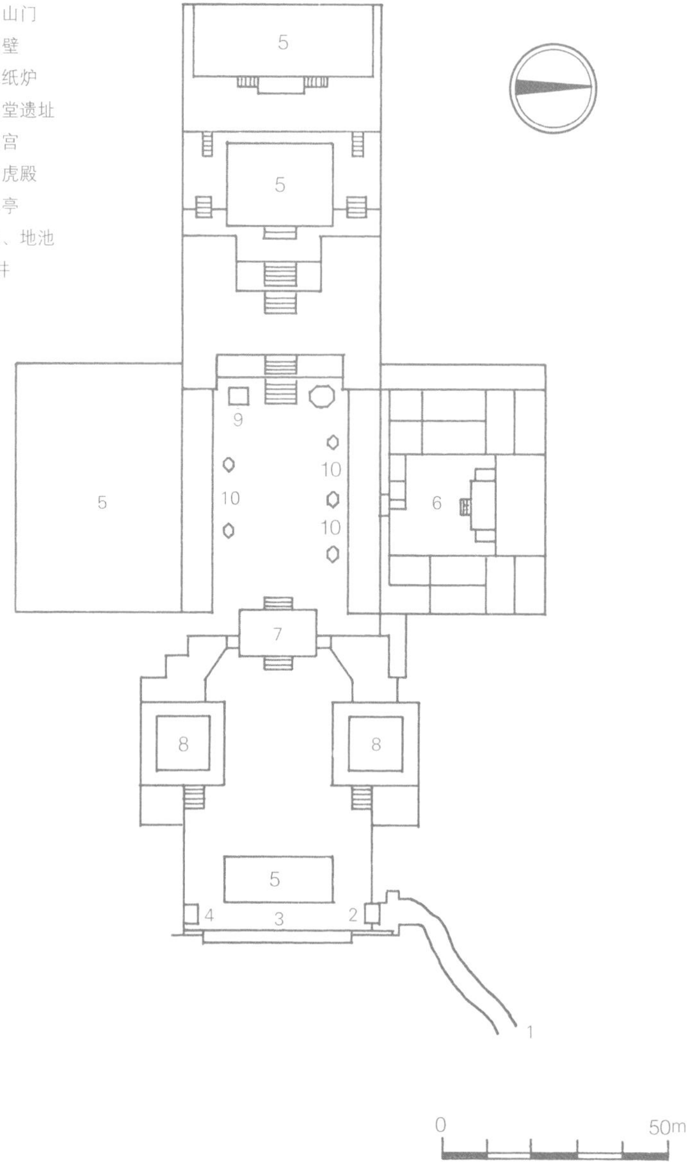

图5-23　五龙宫遗址平面图

五龙宫始建于唐贞观年间（627-649年），宋、元扩建，元末毁于兵火。明永乐十一年（1413年）重建，大小为楹850间，民国时又毁于火，现仅存山门、龙虎殿、宫垣，碑亭、道院、斋堂等遗址。

六、技艺绝伦　文化瑰宝

太和宫 位于天柱峰紫禁城南天门外，距玄岳门68里，距南岩宫16里。从南岩宫经黄龙洞至朝天宫（遗址），右转进入陡险迂回的磴道，过一天门、摘星桥、二天门和三天门、朝圣门即达太和宫。宫为明永乐十四年(1416年)始建，敕“大岳太和宫”。明嘉靖三十二年（1553年）增建，为楹510间，面积10万平方米。明末毁于火。现仅存正殿，朝拜殿、钟鼓楼，元代铜殿及清建皇经堂、斋堂。宫坐北朝南，背倚天柱峰，面临悬崖。正殿面阔进深

图6-1 武当山天门

武当山一、二、三天门，朝圣门，四门形制相同，砖石结构，下为石须弥座，中为砖墙，上为歇山琉璃瓦顶。耸立在两山之中，各开一双券拱门，门上分别嵌有“一天门”、“二天门”、“三天门”、“朝圣门”石额。

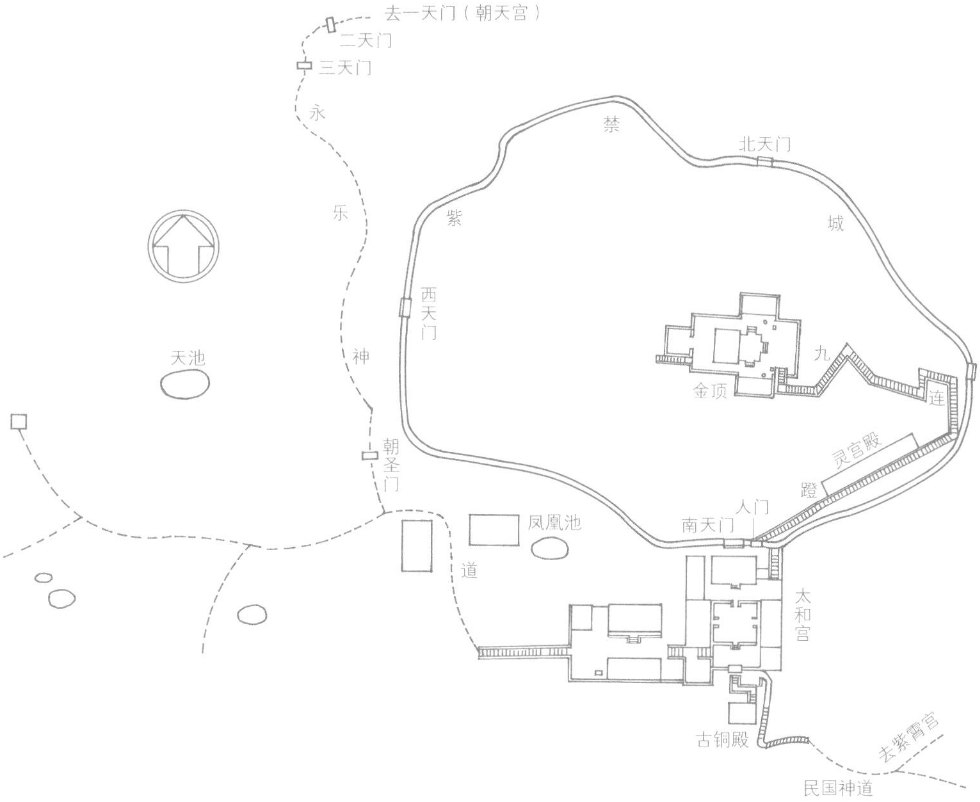

图6-2 金顶示意图

金殿建在天柱峰极顶、坐西面东，两侧签房、印房、前有钟亭，磬亭，后有父母殿，山腰紫禁城围绕，宛如天宫琼阁。太和宫在天柱峰紫禁城南天门外山腰、建于明永乐十四年（1416年），嘉靖时扩建，殿宇楼阁依山傍岩，布局巧妙，瑰丽多姿。

皆为一间，单檐歇山顶砖石结构。内奉真武大帝，四大元帅，水火二将，金童玉女铜像。殿门两侧各立铜碑一座，一为嘉靖二十九年（1550年）敕建苍龙岭雷坛设金像之御碑；一为嘉靖三十一年（1552年）遣工部左侍郎陆述等人致祭碑。碑座为莲花须弥座式，碑额正中铸火焰宝珠，两边铸双龙。殿前是拜殿，相传上金顶的人都要在此拜真武大帝，故名。左右有钟鼓楼，内悬武当山最大的铜钟，铸于永乐十四年（1416年）。拜殿前小莲峰，上建歇山小殿，内藏元大德十一年（1307年）铜殿，仿木结构，悬山顶，高2.4米，宽2.7米，深2.5米，下有石须弥座。是殿原置天柱峰巅，永乐时移此，故名“转展殿”、“转运殿”。铜殿据目前所知，全国总共不到十座，多为明代所铸，少数为清代，这座铜殿铸于元代，实为我国现存最早之铜殿。拜殿西下至皇经堂，堂面阔三间，进深二间，前有宽廊。单檐歇山顶。柱间挂落，额枋，隔扇浮雕道教人物故事，皆极精美。另建有真宫官堂、神厨、戏楼、化纸炉，系清代遗物。

金顶 天柱峰巅名金顶，海拔1612米。四周峰峦叠嶂，连绵起伏，烟树云海，犹如仙境一般。金顶原有一组建筑群，峰腰有紫禁城、九连磴道、灵官殿、金殿、签房、印房、钟亭、磬亭、父母殿。

图6-3 元代古铜殿外景/左图

元代铜殿铸于元大德十一年（1307年），仿木结构，悬山顶。原置天柱峰上，明永乐十四年（1416年）移置小莲峰上，又名“转藏殿”，砖石结构，单檐歇山顶。三面环岩，地势险峻，相传人随殿转，可转运，故又名“转运殿”。

图6-4 太和宫皇经堂/右图

太和宫皇经堂坐北朝南，明永乐时创建，清道光二十九年重建。西阔三间，进深二间，前带宽廊，前檐为重檐硬山，下檐为歇山。檐下施如意斗栱。前檐柱间挂落、额枋、隔扇门木雕精细。室内雕塑极精美。

紫禁城 城沿天柱峰腰峭壁而建，为明永乐二十一年（1423年）遗物。城垣系用大条石（每石重约500公斤）砌筑，因势蜿蜒，周长344.43米，高5.2—11.7米，底厚2.4米，顶厚1.26米。设有东、西、南、北城门，门位处之城垣加厚升高，以为城楼台基，上有石城楼，东、西、北天门皆临绝壁，不能出入，惟南天门有“神”（中）、“鬼”（左）、“人”（右）三门并列，亦只“人”门可通。城楼皆面阔3.6米，深2.4米，高4.8米，单檐歇山顶，下有石须弥座，四周绕以钩栏，尽皆石作，十分壮观。从太和宫正殿东侧拾梯而上抵紫禁城南天门，入南天门“人”门后往东折，过灵官殿（清代增建），循九连磴（以九段曲折石阶梯相连），攀索而上，环视五百灵官，好似天兵天将护卫，至东天门内侧，转向西登，历五阶梯登金顶平台便达金殿。

图6-5 九连磴与东天门
紫禁城环天柱峰山腰而建，建有东、西、南、北天门，形制如一，下为城台，环以围栏。门楼长方形，单檐歇山顶、斗栱飞檐、柱、枋、檩、椽、隔扇装修皆石作。从南天门内有九折阶梯曲折相连，故名“九连磴”，旁置铁索，直达金顶。

金殿 在金顶上，明永乐十四年（1416

图6-6 远眺金顶

金殿位于天柱峰顶端，山腰建紫禁城一周，金殿建其上，犹如金阙琼台。人们伫立顶端瞩目回顾，四周群山环抱，苍翠如屏，南岩、五龙……诸宫如微型盆景，虽细致而可辨，武当风光，尽收眼底。

年）铸造。殿为铜铸镏金仿木结构，坐西朝东，面阔、进深皆为三间，高5.5米，宽5.8米，深4.2米，重檐庑殿顶。殿身由12根柱子承托梁枋、斗栱、屋顶。檐下施规格极高的斗栱，下檐为七踩单翘重昂斗栱，上檐为九踩重翘重昂斗栱。檐头饰云龙纹圆瓦当和滴水，正脊两端饰龙吻，上下戗脊饰一仙人，五蹲兽。大小额枋铸有和玺、旋子彩画。柱间嵌以四抹头隔扇，隔扇裙板镂铸二龙戏珠，前檐明间的隔扇可以开启，余皆固定。殿内藻井悬一颗镏金明珠，人称“避风仙珠”，传说此珠能防妖风入殿，以保殿内神灯不灭。殿内地坪为竹叶状纹理的石灰石墁铺。神案及礼器亦铜铸镏金作。流云纹宝座上坐铜铸镏金真武大帝坐像，相传造像之原型为永乐帝，身作袍衬铠，披发跣足，仪姿魁伟，庄严凝重，左右侍立金童玉女，水火二将；神案下玄武昂首内视，栩栩如生，皆为明代珍品。真武大帝铸像上方悬一镏金铜匾，上铸清康熙御笔“金光妙相”四字。

图6-7a~c 金殿
金殿建于明永乐十四年（1416年），铜铸镏金仿木结构，进深、面阔皆三间，重檐歇山顶。柱、枋、斗栱、滴水、勾头，脊饰制作精良。屹立在花岗石竹叶纹台基之上，前设月台，围以石栏。殿外四周设有高大的镏金铜护栅。

a

b

c

殿基为花岗石台基，绕以石栏。殿前月台下两侧的“金钟”、“玉磬”铜亭，铸于嘉靖四十至四十二年（1561—1563年）。前庭两侧有签房、印房；金殿后有父母殿，皆单檐灰瓦硬山顶，是为清代遗构。

金殿之作体现了中国明代冶金技术已达到很高水平。殿内的塑像，精美华奂，俱称极品，反映了明代盛世雕塑家的高超艺术水平。金殿这一组珍品为研究明代的建筑形制、科学技术、艺术以至家具、服饰、兵器等都提供了可贵的实物。

图6-8 金殿斗栱
金殿上下檐斗拱形制规格极高，下檐施68攒七踩单翘双下昂斗栱，上檐施56攒九踩双翘双昂斗栱，斗栱比例真实，铸造精良，实为明初木构建筑斗栱之真实反映。

七、赑屃雄伟 盛世杰作

武当山道教宫观中有十二座碑亭，分布在净乐、玉虚、紫霄、南岩、五龙诸宫，除玉虚宫有四座外，其他每宫两座。玉虚宫四座（包括：紫禁城内两座，一为永乐帝“下太和山道士”圣旨碑，一为“御制大岳太和山道宫之碑”。另两座在玉虚宫紫禁城外，一为嘉靖帝重修太和山“圣谕碑”，立于明嘉靖三十一年二月十九日；一为“重修太和宫殿纪成碑纪”，立于明嘉靖三十二年十月二十五日）。碑亭都有石雕须弥座台基，方形，约16.40平方米，高1.57米，四面设台阶。亭约13.20平方米，四面有券门，下为石雕须弥座，高1.35米，上为砖砌，重檐歇山顶，檐下施有斗栱，现屋顶已毁圮（尺寸按玉虚宫永乐碑）。亭内

图7-1 永乐鳌碑

碑亭内置巨型鳌碑，由赑屃、碑身、碑额组成，高达9米，重达80余吨。鳌首高昂，线条简练刚健，朴实无华，是罕见的杰作。

图7-2 玉虚宫永乐碑亭

碑亭坐落在玉虚宫紫禁城内，东西对峙，承于石须弥座上，绕以石栏。亭方形平面，四周开券门，有踏跺上下。顶原为重檐歇山式顶，明末毁于火，从残破的墙体仍可想见当年的气势。

各立一巨碑。永乐碑鳌身长6米，头高2.85米，宽2.95米，巨首高昂，线条简练刚健，形态生动；碑身高4.9米，宽2.35米，厚0.77米；碑额高1.1米，宽2.51米，厚0.93米，碑身正面为圣旨碑文，楷书阴刻，隽永圆润。碑首正中篆刻“圣旨”、“御制大岳太和山道宫之碑”，上浮雕宝珠火焰纹，两侧各有蟠龙一条，穿行于云雾之中；碑首背面及两侧面浮雕蟠龙云纹，刀法精细，气势生动，是明代雕刻艺术中的杰作。有诗云：“亿万金钱耗费时，人间构出洞天奇。而今半付颓垣草，空使苔荒永乐碑”，是永乐碑的现实写照。

图7-3 紫霄宫碑亭

八、文物纷繁 丰富多彩

图8-1 金殿祖师像

金殿内一组明铸鎏金铜像，真武祖师像高1.8米，重达5吨，正襟危坐于方形流云宝座上，风姿魁伟，容貌肃穆；两旁金童、玉女，水火二将侍立。这组铜像为武当山明铸造像艺术品中之精品。

武当山文物纷繁，丰富多彩。有记载着生态演变的恐龙化石；有人类进入石器时代的遗物；有周代以来的各朝墓葬；有元、明、清代的金、银、铜、铁、锡、木、石、泥塑。玉、瓷等质地的神像、礼器、法器及经书等道教文物，数以万计，具有很高的历史价值和艺术价值，被誉为“我国道教文物宝库”。

1982年在紫霄宫前出土的金龙为足赤铸造，长11.5厘米，宽5厘米，造型生动，精美绝伦，是明湘献王朱柏于建文元年（1399年）献。

武当山道教人物造像在金殿、太和宫、南岩宫、紫霄宫、五龙宫、复真观、磨针井、元

图8-2 铁铸镏金五百灵官/左图

南岩天乙真庆堂内五百灵官相传为净乐国王派遣到武当山寻找太子的五百卫士习道而成。铁铸镏金，均高尺许，神态各异，为国内所稀有。

图8-3 铜铸武当山模型/右图

武当山模型铸于明万历四十四年（1616年），通高1.31米，直径0.53米，整体为圆形，象征天柱峰。底周围铸五龙护峰，峰为△形，象征“七十二峰朝大顶”。从山麓至山顶铸宫观胜景，顶铸一悬山式宫殿，整体铸“真武修真”故事及神话传说故事。

图8-4 紫霄宫大殿玉皇大帝（潘炳元 摄）
紫霄宫大殿石须弥座上神龛内，供奉全山最大的玉皇大帝神像，像高4.8米。头戴冕旒，冕版前后各垂九旒。身着帝服，双手捧圭，端坐宝座。前设香案，上陈供器。

和观、遇真宫内有大量藏品。

金殿内所供真武像，高1.8米，身着博衣战铠，披发跣足，正襟危坐于流云宝座上；左金童捧册，太乙擎旗，右玉女托印，天罡持剑，四像高1.46米。神案、礼器、玄武皆铜铸镏金，造型优美，制作精良。紫霄宫大殿神龛供玉皇大帝、三清尊神、金童、玉女、四大元帅、太乙、天罡二将，神态各异，气势恢宏。

图8-5 雷神祠雷神像（李德喜 摄）

雷神，又称“雷公”、“雷师”。古代神话中司雷之神。雷神坐像，明代泥塑，彩绘贴金，人身鹰首，三目圆睁，肩部两翅欲张，着袍系带，人足鹰爪。

遇真宫大殿张三丰铜铸坐像，高1.5米，身着布衲，头戴竹笠，完全是凡人形象，左右亦立金童玉女，天真纯朴。殿内藏有金龟、金钟、玉磬、玉案及石雕刻制作精美的器物。

泥塑有复真观太子殿内和太子岩石殿内塑有太子童年像；玉虚岩塑有太子青年像；冲虚庵内有真武和吕洞宾塑像；太上观有太上老君（老子）塑像；紫霄宫龙虎殿内有青龙、白虎塑像；雷神洞有雷神塑像；太和宫大殿有温天君，赵天君塑像，皆极精美。

真武大帝实为玄武化身，武当山玄武颇多，质地有铜、石、玉、泥塑等。金殿内铜铸镏金玄武，高53厘米，重300公斤。龟伏行状，转头上翘逼视蛇首；蛇绕龟腹，上腾下视，两尾相交，造型之生动，制作之精良，是为神品。

南岩天乙真庆宫内铁铸镏金五百灵官，高各尺许，神态各异，世所稀有。金顶灵官殿，岩壁上镶嵌五百木雕灵官，是另一种风韵。另有单个铜铸镏金灵官，现藏元和观内。

明万历四十四年（1616年）铸铜武当山模型，底座六边形；中为圆柱体，铸有真武大帝、玉皇大帝、二仙传道、老姆磨针、五龙捧圣、黑虎巡山、梅鹿献艺、猕猴献桃及天门、神道、武当山宫观及诸胜景。模型中的金殿，面阔三间带前廊，硬山屋顶，与现在的建筑不同。

图8-6 金殿玉磬亭（李德喜 摄）/左图

位于天柱峰金殿左侧，与右侧钟亭相对。下为石须弥座，亭为四柱四角攒尖顶，铸于明嘉靖四十年（1561年），亭内悬挂铜磬，称为“玉磬”。磬，亭柱上均有铭文。右侧钟亭形制与玉磬亭相同，铸于明嘉靖四十二年（1563年），内吊铜钟，亦称“金钟”。

图8-7 进香的信徒（潘炳元 摄）/右图

民间信士到武当山向真武帝君进香，称为“朝圣”。朝山进香，多为许愿，就是到天柱峰顶金殿内跪拜时默祷。武当山朝山进香可分为春、秋两季。特别是三月初三真武圣诞节和九月初九真武飞升日，朝山进香的人络绎不绝。图为上山进香的信徒。

图8-8 道人做道场
（潘炳元 摄）
1982年，紫霄宫、太和宫作为全国重点宫观，对外开放。1984年成立武当山道教协会。协会组织道众开展宗教活动，兴办服务和公益事业。图为紫霄宫道人在武当道教音乐伴奏下做道场。

铜铸禹迹亭，方形平面，重檐歇山顶，盘龙柱、额枋、瓦件、脊饰等皆制作精细，是研究明代建筑的实物资料。

还有各种香炉、蜡台、宝瓶、海灯等供器，礼器亦皆铜铸镏金，也有铁铸。紫霄宫大殿内陈设的明弘治十四年（1501年），锻打铁蜡台，是为铁画灯的一种，俗称铁树开花，高2.7米，由座、杆和盛开的花朵组成。此画反映出明代匠师高超的锻造技巧，是我国现存最早的锻打铁画，成为稀世之宝。

在文献方面，太和宫珍藏的《高上玉皇本行经》三卷，为明正统五年（1440年）御制，纸为青泥笺，青黑色，全经字画为泥金手书，历时550余年，完好如初，金光熠熠，灿烂夺目，是极为珍贵的道教经典。

九、神拳异彩 名扬天下

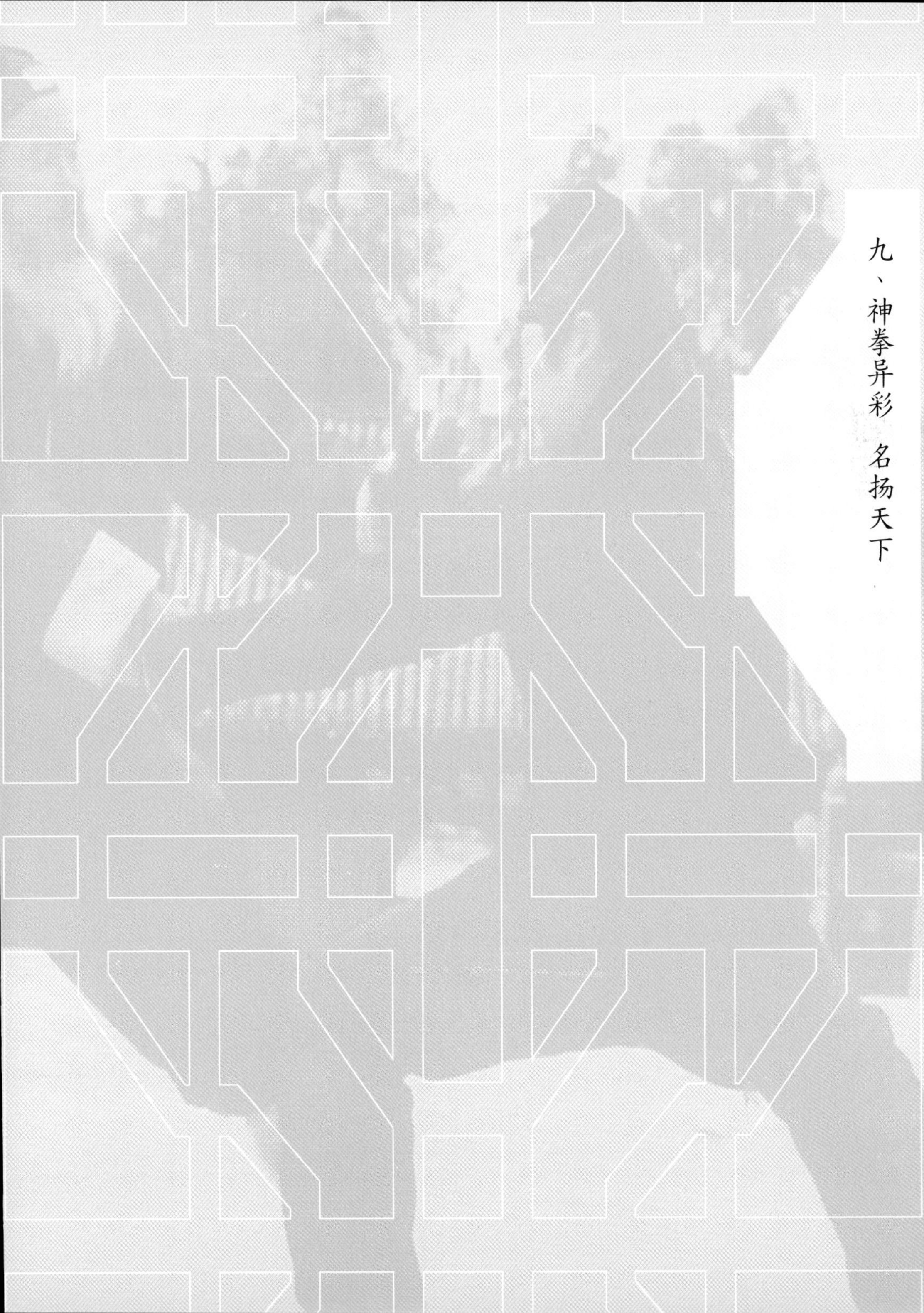

武当武术，自成一派，历来名扬天下。人谈少林拳，会想到达摩祖师。提起武当内家拳，会想到传奇人物张三丰。清黄宗羲《南雷文定·王征南墓志铭》曰："少林拳勇名天下，然主于搏人，人亦得而乘之。有所谓内家者，以静制动，犯者应手即仆。故别少林为内家，盖起于宋之张三丰。三丰为武当丹士……"。可见，"少林"与"武当"，功有外、内之别。据《明史》张三丰为元末明初道士，身材魁伟，龟形鹤背，大耳圆目，胡须如戟，不论寒暑，只一衲一蓑，有时一餐能吃数斗，有时数日一食，或数月不食。因不修边幅，衣衫破烂，人称"张邋遢"。曾结庐武当，名"会仙馆"。民间传为"真仙"。明太祖、成祖数次下诏，派人访求，他避而不见。朱棣无奈，乃于永乐十五年（1417年）敕建道宫，赐额"遇真"，以表示对这位"真仙"的思慕。明英宗又曾敕封三丰为"通微显化真人"。

图9-1 张三丰铜像

明铸张三丰鎏金铜像，高1.45米。头结发髻，身着道袍，面貌丰润，风姿飘逸，端坐在汉白玉雕花宝座上。两侧金童、玉女侍立，天真纯朴。原藏遇真宫，现藏武当山文管所。

图9-2 武当拳（潘炳元 摄）

武当武术，是中华武术的一大流派。民间传称武术"北宗少林，南尊武当"。武当武术与道教渊源甚深，道士修炼学道，往往伴以练习武功。图为武当山郭道长在传授武当拳。

相传武当内家拳为张三丰创始，一天三丰坐在院内休息，忽见桂树上闪出白、花两道光环，美丽异常，细看时，是白蛇和喜鹊在嬉戏。他仔细观察蛇鹊嬉斗的动作，创造了锦段和长拳两套动作，然后发展为动静结合的太极十三式。后经明弘治年间（1488—1505年）紫霄宫第八代传人张守信研究，结合太极十三式和华佗气功五禽戏（熊、猿、虎、鹿、鸟）图，发展成为"武当太乙五行擒扑二十二式"，成为武当道士世代相传的一种独特拳术。武当拳，讲究手腿并用，以指穴擒拿为主。它既锻炼身体，应用于按摩治疗，又可攻防制敌，非困不发，发则必胜。武当拳讲究以静制动，以柔克刚，纯用内功，故称"武当内家拳"。

现代武当拳的传人是满族人溥儇，早在五十多年前，他就曾拜紫霄宫住持李合林习拳，久练不弃。前几年他应邀上山讲授拳艺，使濒于失传的武当正宗内家拳得以传承，如枯木逢春，重放光彩。这套拳术的动作名称如：白猿出洞、双峰拜日、意马悬崖、海底顶云、犀牛望月、翻身托天、青石抱球、闪耀金庭、花鹿采芝、伏饮清泉、雄鹰探山、双擒群鸡、仙鹤腾空、飞舞风云、黑熊反掌、威震森林、彩凤凌空、百鸟齐鸣等无不取法自然。另外，南京的李松如、李钟奇也是武当拳的传人。十多年前被南京武术界发现。两位老人已把武当南派拳法归纳整理成十七功法，使武当拳的内容更加丰富。

为继承、发扬、推广武当拳术，湖北省体育界在武当山举行了“武当山全国武术观摩交流会”，两次邀请溥儇先生讲授“武当太乙五行拳”及其来源，传授武当拳技艺，使这一武术奇葩得以发扬光大。武当拳在日本和东南亚也有流传，日本甚至有所谓“武当正宗”的武术组织。

大事年表

朝代	年号	公元纪年	名称	大事记	资料
唐	贞观年间	627—649年	五龙祠	武当吏姚简至武当山祈雨，在灵应峰下建五龙祠	《太和山志·碑记》
宋	真宗时	998—1022年	五龙观	宋真宗时改祠为观，曰“五龙灵应之观”，废于靖康之祸	同上
宋	宣和年间	1119—1125年	紫霄宫	创建紫霄宫，元代名“紫霄元圣宫”，元末毁于火	《总真集》
元	至元年间	1271—1294年	太子岩	在紫霄宫后展旗峰腰建太子岩石殿，太子亭	据石刻题字
元	至元至延祐年间	1286—1320年	五龙宫	元至元二十三年修五龙观，敕额“五龙灵应宫”，元仁宗延祐年间敕额“大五龙灵应万寿宫”	《太和山志·碑记》
			天乙真庆万寿宫	元初道士张守渭公建南岩庙宇，至元三年皇太后赐额“天乙真庆万寿宫”，延祐元年仁宗赐额“大天乙真庆万寿宫”，元末毁于火	同上

朝代	年号	公元纪年	名称	大事记	资料
元	大德十一年	1307年	元代铜殿	武昌路梅亭山炉主万王大铸铜殿一座，运至天柱峰，明永乐十三年移置太和宫前小莲峰转轮藏殿内	《太和山志·宫殿》
元	泰定元年	1324年	玉虚岩	道士彭明法建玉虚岩正殿三间，现存建筑为清同治年间遗构	据岩侧碑记
明	永乐十一年至嘉靖三十二年	1413—1553年	玉虚宫	建东、西、北天门，殿堂楼阁为楹534间，嘉靖三十二年重修扩建，为楹2200间，有鳏食道士120人，六品提点4人，领一庙二观（关帝庙、回龙观、八仙观），清乾隆十年（1745年）毁于火，现仅存宫门、碑亭、城垣及中轴线遗址	《太和山志·宫殿》
明			紫霄宫	建殿宇，道房160间，嘉靖三十二年扩建，为楹860间，有鳏食道士50人，六品提点3人，领复真观、龙泉观、威烈观、福地殿	同上

朝代	年号	公元纪年	名称	大事记	资料
明	永乐十一年至嘉靖三十二年	1413—1553年	五龙宫	建殿宇，楼阁215间，嘉靖三十二年扩建，为楹850间，有鳏食道士50人，六品提点2人，领五龙行宫、仁威观、老姆祠、自然庵，20世纪40年代毁，现存遗址	同上
			南岩宫	在天乙真庆宫故址建殿宇150间，明嘉靖扩建，为楹640间，有鳏食道士50人，六品提点3人，领太元观、乌鸦庙、榔梅祠，清末大部分建筑毁圮	同上
			朝天宫	建殿宇170间，清末毁圮，1991年按原貌修复	同上
	永乐十一年至今	1413—至今	复真观	落成时殿宇29间，嘉靖三十二年扩建，为楹200余间，清康熙年间（1662—1772年）、乾隆年间（1736—1795年）均有修葺，1983—1987年修复	《太和山志·修建附》

朝代	年号	公元纪年	名称	大事记	资料
	永乐十一年	1413年	元和观	落成时殿宇44间，嘉靖三十二年以后曾增建，现仅存房舍37间	同上
			回龙观	落成时殿宇14间，清代增建，1975年毁于火，仅存遗址	调查资料
明	永乐十四年	1416年	太和宫	落成时殿宇78间，嘉靖三十二年扩建，为楹520间，道士30人，六品提点3人，领清微宫、朝天宫、黑虎庙。清代后均有修葺	《太和山志·宫殿·修建附》
			金殿	建金殿于天柱峰巅，塑真武大帝、金童、玉女、水火二将及供器等，清康熙年间建签房、印房、民国建父母殿	《太和山志·宫殿·修建附》

朝代	年号	公元纪年	名称	大事记	资料
明	永乐十六年	1418年	净乐宫	建净乐宫于均州城内，殿宇197间，嘉靖三十二年扩建，为楹520间。道士50人，六品提点3人，领真武观，清康熙二十八年火灾，三十年修复，三十六年粗还旧制	《太和山志·修建附》
			遇真宫	在张三丰草庵故址重建，为楹97间，嘉靖三十二年扩建成396间，道士30人，六品提点2人，领元和观，修复观，现中轴线建筑保存完好	同上
	永乐二十一年	1423年	紫禁城	在天柱峰山腰建紫禁城，现保存完好	同上
	成化十七年	1481年	迎恩宫	在关帝庙旧址建迎恩观，十九年改观为宫，为楹280间，有道士9人，六品提点1人，清代渐趋荒毁	同上

朝代	年号	公元纪年	名称	大事记	资料
明	嘉靖三十一年	1552年	玄岳门	在武当山北麓峪口建四柱三间五楼牌坊，嘉靖御笔“治世玄岳”	《太和山志·碑记》
	嘉靖三十一年至三十二年	1552—1553年		对武当山各宫观庵堂进行全面维修和扩建，并立碑于玉虚宫内	同上
清	康熙二十一年至六十年	1682—1721年	磴道	维修朝天宫至朝圣门磴道及七星树一带险径	《太和山志·修建附》
	咸丰二年	1852年	磨针井	咸丰二年重建磨针井于东神道旁，1980年进行全面维修	据磨针井内碎文
中华人民共和国		1949—1995年		1949年后对各宫观进行小型维修。1980年至1995年，对磨针井、泰山观、复真观、天津桥、紫霄宫、南岩宫、朝天宫（复原）、太和宫及道路台阶、磴道进行全面维修，现维修工程仍在进行中	

“中国精致建筑100”总编辑出版委员会

图书在版编目（CIP）数据

武当山道教宫观 / 李德喜撰文 / 摄影. —北京：中国建筑工业出版社，2013.10
（中国精致建筑100）
ISBN 978-7-112-15749-5

Ⅰ. ①武… Ⅱ. ①李… Ⅲ. ①武当山-道教-宗教建筑-建筑艺术 Ⅳ. ① TU-098.3

中国版本图书馆CIP 数据核字（2013）第197078号

责任编辑：董苏华 张惠珍 孙立波
技术编辑：李建云 赵子宽
图片编辑：张振光
美术编辑：赵 清 康 羽
书籍设计：瀚清堂·赵 清 周伟伟 康 羽
责任校对：张慧丽 陈晶晶 关 健
图文统筹：廖晓明 孙 梅 骆毓华
责任印制：郭希增 臧红心
材料统筹：方承艺

中国精致建筑100

武当山道教宫观

李德喜 撰文/摄影

中国建筑工业出版社出版、发行（北京西郊百万庄）
各地新华书店、建筑书店经销
南京瀚清堂设计有限公司制版
北京顺诚彩色印刷有限公司印刷

开本：889×710 毫米 1/32 印张：$2\,^7/_8$ 插页：1 字数：123 千字
2015年9月第一版 2015年9月第一次印刷
定价：**48.00**元
ISBN 978-7-112-15749-5
（24307）